我家也有

VEGETARIAN FOOD

蔬食餐廳

養心茶樓主廚詹昇霖教你在家輕鬆做出
少油、身體無負擔、符合健康潮流的60道五星級素食料理

詹昇霖——著

突破傳統素菜限制，做出全新創意素

現代人流行吃素，喜歡吃素，而且吃素的理由很多，傳統是宗教素，不殺生所以吃素，然後是養生素，怕身體不好而吃素，另一種是環保素，例如牛放屁對地球不好，吃菜不會傷害地球，讓下一代永續經營，但我吃素只有一個理由，因為好吃。

以前的素菜餐廳，習慣使用大量素料加工品，且菜名不是羊就是牛，全在仿真，例如：蒟蒻做成生魚片、豬腰花、大貢丸等等，顏色紅的紅，白的白，形狀圓的圓，還能做開花狀，乍看之下都像真的，咬起來 QQ 脆脆的全是一個樣兒，明知是不真實，卻是我偏愛的口感，這也是對吃素的偏見，就是吃些有豬牛味火腿味的加工品。過去與茹素的朋友一起吃飯，他們都說簡單就好，因為選擇吃素就要吃簡單、吃清淡，但在我看來是沒有選擇，即使站在自助素食餐檯前，也有無從下手的徬徨，即使吃飽了也僅是填飽肚子，五感上並未獲得真正滿足，好像素菜就是這樣而已。

一塊來自苗栗客家莊的鹽滷手工豆腐，一碗來自宜蘭二代種稻人的野放白米，一杓有台灣味的老師傅配方梅汁，素菜從選料開始斤斤計較，從調味開始勾引味蕾，不管你吃的是宗教素，養生素，還是環保素，都會愛上養心茶樓的創意素。養心茶樓源自老闆愛妻的一片用心，給予廚師廣闊的天地，擷取土地豐沛的滋味，突破傳統素菜的限制，以純熟中菜技法做出全新的菜餚與點心。

茹素者吃了開心，因為色香味俱全，吃葷者不覺是素，所以沒有排斥感，而且養心茶樓價格不貴，只是很難訂位，在宗教素、養生素與環保素之間，開創出令人不設防的大眾素，多彩多姿帶領你認識蔬食的美好，進一步透過此書，引你入勝，親手料理，豐富人生。

美食評論家 王瑞瑤

為茹素者開啟天然美味之窗

養心茶樓主廚詹昇霖，從十六歲起，即在天香樓學廚，當年天香樓剛由群賢閣湖南菜改為天香樓杭州菜，在兩種菜系交接時到廚房工作，同時接觸到湘菜與杭菜的精髓，詹主廚在年輕時不但刻苦耐勞，而且學習能力佳，在天香樓期間將中餐基礎奠定，也盡得我小菜、滷味、涼麵、牛肉麵等的真傳。

當時我在天香樓就時常做素食，很多客人喜歡我們的素食，因為我們很早以前就以蔬食形式來做素食，幾乎很少用到素料加工品與半成品，大量運用當季蔬菜、新鮮蕈菇、根莖類、各種乾料等天然食材來做料理，許多法王和企業家，甚至是巨星李察吉爾，都對天香樓以葷食手法料理素菜的風格讚不絕口。

詹師傅離開天香樓後，到茶藝館研發茶餐，獲得日本客人的喜愛，除了學習到更多以不同食材入菜的方法，也閱讀了許多中外食譜書，在擺盤與味道上繼續精進，之後執掌多家素菜餐廳，更專心鑽研素食而在業界打出名號。

養心茶樓將台灣素食帶領到一種全新的境界，學習是為了走更長遠的路，很高興他無私地公開養心茶樓的素菜秘密與作法，為茹素者打開一扇天然美味之窗，在洪總的全力支持下，養心茶樓這塊金字招牌能繼續發光，突顯台灣在地食材美好，以及年輕主廚的無限創意。

料理名廚 曾秀保

作者序

。

Preface

用心，做出不一樣的蔬食

廚師這一條路，我走了近三十年，每天在廚房中與食材、油鍋、刀具相處，和廚師弟兄們共事，已經是人生中再日常不過的風景。很多人會問：「你這個吃葷的來做素食，不會覺得不習慣嗎？」其實從「葷食」走入「蔬食」，雖然能運用的食材種類好像變少了，但我的廚師生涯並沒有從此變得單調，反而更加多彩豐富、更有挑戰性。

我們推廣的是新一代的素食，講求無論是嗜葷或吃素的人，都能夠打從心底去喜歡、每天都願意品嚐；以往大家談到素食，大概都很難和美味畫上等號，我希望推翻一般人對於素食的刻板印象，並非只是炒炒青菜、運用豆類製品以假亂真而已，新一代素食的困難在於食材的呈現，軟的或硬的食材如何維持原本的樣貌，如何利用煎、煮、炒、炸、蒸，甚至是刀工，讓整道料理的口味、外觀不落窠臼。

會想做這本書，起先是受到我的老闆——洪國席的影響，他身為總經理每天日理萬機，卻仍然抽空閱讀書籍，他曾經說過：「從書裡得到的回饋，遠比自己想像得多。」我細細思考了這段話，那麼，除了讓客人們吃到美味的料理之外，我還能夠做到其他回饋嗎？我想到了養心茶樓的願景——希望能讓更多人體會蔬食的美味及好處，便決定將這些料理集結成冊，期望

能藉由這本食譜，讓一般家庭、甚至是餐飲學校的學生們都能了解「蔬食」的好，讓煮婦煮夫們真心接納，讓每個人都願意在家做看看。

這本書延續養心茶樓的精神，以健康、好吃為出發點，少油、低糖、低鹽，盡量不使用加工素料，利用新鮮蔬果去拼湊出不同變化，並保留蔬果完整的營養素，同時兼顧創意、美味度，讓「蔬食」能成為一般家庭的桌上餚。除了養心的經典菜色之外，還有私房的創意料理，從前菜、主食、熱炒到港式點心、甜點，分為五大類，提供平時大魚大肉的朋友們更多健康的選擇，不用為一再重複的菜色所苦。

最後，我想感謝總經理和養心團隊裡的每一位兄弟，總經理認為培養一個團隊需要共同合作、一起努力，動能才夠強大！正因為背後有著這樣專業、堅強的靠山，這本書才能順利出版，我們也才能做出讓更多人喜歡的新一代蔬食，替一成不變的素食文化注入新氣象，讓大眾知道「素食真的可以不一樣」！希望你們也能感受到我們的用心。

養心茶樓 主廚

詹昇霖

目錄

。

Contents

Chapter 1 前菜

Chapter 2 主食 & 湯品

Chapter 3 熱食

Chapter 4 港點

Chapter 5 甜品

※ 本書食譜份量皆為 4 人份。
※1 大匙＝ 15g；1/2 大匙＝ 7.5g；1 小匙＝ 5g；1/2 小匙＝ 2.5g

D DD Brothers
特別感謝 ——————
昆庭國際興業有限公司 協助提供器皿。

若有器具需求，可至台北市中山北路三段 55 巷
30 號 1 樓購買，或洽 (02)2586-9889。

在食譜之前
Before Recipe

阿霖師的
蔬食主義

about Chef Zhan

台北市第一家蔬食港式飲茶餐廳——養心茶樓，以新鮮在地食材，搭配創意變化，打造色香味兼具健康的各式餐點菜色，自 2013 年開幕至今，深獲大眾好評與肯定。為讓精緻味美的蔬食也能走入一般家庭，特由養心茶樓主廚詹昇霖帶領廚師團隊公開菜譜的作法秘方，希冀讓更多人一窺五星級美食的堂奧。

• 踏上中餐這條路

我在 15 歲就踏入餐飲業，在日本料理店打工幫忙家計，因為很清楚知道自己對念書不在行，不可能走升學路線，勢必得練得一技在身，好讓自己在社會上有立足之地。說來有趣，我走向中餐之路的原因其實非常簡單，當初我也曾經想過要學習西餐和調酒，覺得做西餐感覺乾乾淨淨的好像不錯，而調酒師則可以站在吧檯，看起來也很帥，但當年我的職訓局長官很直接了當地問了我一句：「你懂英文嗎？」見我有點語塞，局長繼續慢條斯理地分析，無論是西式料理或調酒都需要有基本的英文能力，若沒有一定的基礎，便無法走得長久。我心想：「天啊，我連 ABC 字母順序都背得那麼辛苦了，還要我講英文！」所以便下定決心改學中餐。

很幸運地，我一開始就有機會進入飯店業，當時可以

選擇進入圓山飯店或亞都飯店工作,一般人可能都會考量高知名度的圓山飯店,但我決定選擇亞都飯店,因為嚴長壽先生正帶領著飯店快速發展中,前景非常看好。而後,我也十分慶幸自己做了這樣的選擇,因為亞都的分工及管理很縝密,無論你前一份工作擔任的職位是什麼,都必須從零開始!每一個人都先從洗碗、洗菜、砧板……一步步進階往上學習,在廚師界,只要是亞都出品都是品質保證。我在亞都一待就是十幾年,在當時的天香樓主廚曾秀保師傅悉心教導之下,扎下了穩健的基礎,爾後才陸續轉戰老爺、歐華等大飯店。

· 轉戰餐廳業

這樣聽來,或許會覺得我的餐飲業之路走來順利,但實際上,飯店廚師並非如名稱上聽起來光鮮,這個行業非常辛苦之外,薪水也不高。飯店業待久了、熟悉了,想嘗試新事物的心又開始騷動,我曾經聽過有人這麼比喻:飯店是肉雞,餐廳是土雞——這意思是飯店的分工很細,使用的食材新穎;而餐廳則是包山包海,什麼都要自己來,但優點是可以學手法、練技巧,兩者解決問題的處理方式不同,各有值得學習之處。當時我的師父也鼓勵我,可以試著到餐廳業闖一闖。

從飯店一轉戰餐廳,我便擔任主廚這重責大任,先後待過港式婚宴餐廳、KIKI(川菜)、和平素食、禪風竹里館(創意料理)等。餐廳業的生活忙碌,很有挑戰,某天中午,我和平時一樣正在廚房裡忙著指揮,領班突然向廚房內大喊:「詹

師傅，外頭有位客人想找您。」從事餐廳業幾年間，刻意被客人找出場的機會並不多，我心想：「是今天的菜色出了什麼問題嗎？應該不可能啊⋯⋯。」拿下廚師帽，我往外走，領班指著角落的桌邊小聲說道：「就是那位穿著白襯衫的客人。」那是一位長相斯文、戴著眼鏡的男士，桌上擺了幾道熱炒蔬食和創意料理，表情有點嚴肅，正靜靜地吃著飯。我走向桌邊，禮貌性地自我介紹：

「我是主廚詹昇霖，請問今天的菜還滿意嗎？」
「你好，菜都很好吃。請問，這些料理都是你研發的嗎？」
他放下筷子，露出微笑。聽到這樣的回應，我不禁鬆了口氣。
「是的，是我們團隊一起研發的。」
「你們有在做素食嗎？因為我太太吃素，我也想讓她品嚐到這樣的好手藝。」
「有的，因為偶爾也會有吃素的客人來用餐，所以我們也有素食的料理。」

接著，他又問了幾個關於素食的問題，我當時沒多想，只覺得真是位特別的客人。過了幾天，這位斯文的男士又二度上門，臨時告訴服務生，他想要點幾道素菜，我們便開始準備；這次，我主動到桌邊和他打招呼、介紹菜式，我發現他無論是對於素食還是創意料理，似乎都有所研究，但又不是美食家，是另外一種我說不上來的敏銳度。這頓飯聊得很是開心，他預約了兩個禮拜後的包廂，說是想帶家人朋友來吃桌菜，請我們準備素食套餐。

• 意想不到的邀約

兩個禮拜的時間很快就到了，素食套餐對我們團隊來說不是問題，準備了當令菜色，搭配店內招牌菜，看到客人們都吃得賓主盡歡，沒有什麼比這件事更令廚師開心的了。那一天，飯局結束之後，他才老實告訴我：「詹師傅，我想要開一家能讓每個人都喜歡吃的素食餐廳，你願意擔任主廚嗎？」沒錯，這位斯文的客人，就是我現在的老闆——養心茶樓的總經理。總經理做事嚴謹，這三次的來訪用餐，從一般菜色、素食單點到素食桌菜，都是為了測試我們團隊對於蔬食的手藝與口味是否符合他的期望。

面對突如其來的邀請，其實有些驚訝，台灣素食大多走傳統路線，對於總經理說的：「讓每個人都會喜歡的素食。」，我有些摸不著頭緒，他笑了笑，說會讓我與團隊們好好考慮。一直以來，我都是料理葷食為主，從來沒想過會有人找我去做素食，總有些擔心純做素的，真的有辦法嗎？就這樣思索了幾天，內心突然冒出了聲音：「同樣是做料理，還分葷素嗎？」這句話彷彿醍醐灌頂……是啊，無論是葷食廚師，還是素食廚師，我們都同樣熱愛廚房工作，既然是做廚房，就不需要分葷素！就這樣，我答應了這個邀約。

說是做素食，但究竟是哪一種素食呢？答案是：「港式飲茶」。總經理和副總走遍了整個台灣，發現蔬食的餐廳種類少之又少，大多是單點快炒、桌菜或 Buffet，想要在素食界走出一條新的道路，勢必得有所創新！從葷食要做到蔬食，我認為傳統素食作法太過保守，現在的菜色要多變化，才能廣為大眾

接受，而總經理這樣的想法與我不謀而合！港式蔬食是一種新的嘗試，對我是一大挑戰！而勇於接受挑戰的我，當然樂意地接受了。

・ 創意 × 蔬食

在開店之前，我們經過不斷地考察、試吃、研發、試做……，終於找到了全體團隊心目中的好方向，養心的選材新鮮、菜式創新，在健康概念的基礎上，我們透過手工技巧做出細緻口感；對我來說，任何蔬果食材都可以運用，我特別喜歡到偏遠的地區去拜訪小農，那裡常會有與眾不同、市場少見的食材，總讓人意外驚喜！例如屏東山地門的紅藜，營養成分高，素有料理界紅寶石之稱，又例如綠色的 Baby 椒，它是辣椒採收兩、三次後新長出來的嫩椒，味道不辛辣但很營養等。

我也喜歡趁著放假和母親一起逛逛走走，有時到市場跟著母親買菜，聽她細數挑選新鮮蔬果的方式，有時則一起到戶外踏青，這些都能增進做菜的靈感。還記得某個下雨天，我和母親在鄉下散步，赫然看到石頭間一朵朵的雨來菇，突然靈光乍現，把口感類似木耳的雨來菇和雞蛋炒在一塊兒，沒想到這兩種食材一拍即合，風味異常迷人！在每道菜裡加點自己的巧思，在我是一種無法替代的樂趣。

一路經過了飯店、餐廳的廚藝歷練，我養成了在日常生活的小細節用心的習慣，因為有時絞盡腦汁做出來的成品效果不

見得好，但平時冒出的想法，在實際試做後，卻往往有令人驚喜的發現，這樣的習慣能激發想像力和創造力，才能創作出更多讓人意想不到的菜色。以養心的招牌菜色之一，天香腐皮捲為例，一般人光從字面上一定想不到這是臭豆腐與搗碎的皮蛋的組合，卻是滋味絕妙的搭配！

· 每個人都會喜愛的蔬食

在養心，我們跳脫傳統廚房的師徒結構，以現代管理的模式，讓每個人都能各司其職、發揮所長；我和其他師傅們就有如兄弟般，每個人不分位階，誰都能表達自己的意見，平時會相互激發創意，透過不斷地試做、研發，迸出新的滋味！每次餐廳內試做新菜色時，只要其中有四個人表示不喜歡就一定會調整改變口味；雖然我們是做蔬食，但因為廚師們都是葷食者，所以更能夠站在不同的角度，去思考、挑戰新的作法，讓平時吃葷的消費者也可以發自內心享受蔬食的美好。

除此之外，我們更利用剩餘的蔬果皮製成健康又美味的食用油和醬料，運用在料理中，徹底實踐健康蔬食的概念。在老闆的支持和團隊的共同努力之下，養心茶樓成功在素食界開闢出一段新的里程碑，受到廣大群眾的好評。期望未來無論是養心，還是我自己，都能有更多的突破，讓每道料理都洋溢滿滿鮮活的創意魅力，讓這股方興未艾的蔬食潮流更加茁壯。現在，你毋須是料理達人，也毋須擁有專業廚房，只要跟著食譜一步步做，就能天天品嚐美味的創意蔬食，呵護一家人的健康！

特別食材
介紹

Ingredients

蔬食料理的食材和葷食總有些不同，阿霖師列出以下食材，只要選對材料，料理就先成功一半！

醬類 & 粉類

1 日本胡麻醬：日本胡麻醬口味較台灣的胡麻醬溫和，且顏色較淡、香氣剛好，適合搭配蔬食。

2 炸醬：適合拿來拌飯拌麵。也可自己製作：將炸剩的食材（芋頭丁、豆乾、香菇、紅蘿蔔丁等）與豆瓣醬、甜麵醬、辣椒醬一起以小火煮至稠，調至自己喜歡的味道即可。

3 咖哩粉：用於咖哩醬的製作，幫助食材上色、添增香氣。

4 桔子粉：濃縮的桔子粉，多用在橙汁，能增添料理風味。

5 酥炸粉：做為炸物的麵衣，幫助定型。適合用在蔬菜及菇類，包覆性強，炸過之後還能拌炒，能有效吸取醬汁、入味。

水果類

1 橘子肉：用於橙汁，能增添果粒的口感和酸度。可買罐頭橘子肉，或直接以新鮮橘子撥瓣使用。

2 紅毛丹：台灣較不好買到新鮮的紅毛丹，建議直接以紅毛丹罐頭代替。口味酸甜，口感 Q 彈，做為鳳梨蝦球的替代再適合不過。

3 切角番茄：可使用市售的切角番茄罐頭，用於燉製湯頭、醬料等料理時很方便。

4 椰仁：椰子肉也是適合拿來入菜的水果，能增加菜餚的清爽度。

常用乾貨

（1 腐竹枝；2 炸豆捲／角螺；3 仿蓮子豆／
雞豆；4 手工豆皮）

乾貨主要以天然、不加防腐劑、非基改的為
主，多數乾貨都可在市場買到。特別要提到
的是手工豆皮，建議買台灣製造的豆皮，口
感較佳。

其他食材

1 珍珠菇：又稱袖珍菇，營養價值高、熱量低。
也可買新鮮的來使用。

2 原味香鬆：又稱素肉鬆，使用黃豆渣製成，
用於松子起司鮮蔬捲。

3 香椿排骨：書內使用天香素排骨，黃豆的
品質好，沒有太重的豆味，且口感佳。市場
就能買到。

4 原味燒海苔：海苔分為全型、對切的尺寸，
單純的口味無論是拿來做成蔬食捲或者入鍋
拌炒都很合適。

常用調味料使用

素高湯是這本食譜常用的調味料，一般以天然蔬果食材提煉而出，可取代鹽和味
精。而鹹度、甜度、顏色適中的蔭油膏，適合拌炒各種料理。

健康蔬食
獨門秘方大公開
。
Secret recipe

用不完的食材先別急著丟！阿霖師教你用剩餘食材變成美味的香料油、醬料和高湯，適合當作料理基底，健康又環保！

中芹油

材料：中芹菜 180g、沙拉油 200ml

作法：

1 中芹葉洗淨，沙拉油入鍋，開中火至 110 度油溫。

2 放中芹葉，轉小火炸至乾、釋出香氣，關火。

3 將中芹撈出，油倒入容器放涼，冷卻後放冷藏保存。用於清湯類或燉湯類，增加香氣。

香菇油

材料：乾香菇 300g、沙拉油 200ml

作法：

1 乾香菇、香菇頭泡水、泡軟。

2 沙拉油倒入鍋，開中火加熱至 120 度。

3 放香菇或香菇頭，轉小火炸至乾，釋出香氣，關火。

4 將香菇或香菇頭撈出，油倒入容器，冷卻後放冷藏保存。用於紅燒或各種炒菇類的菜色提香氣。

紅蘿蔔油

材料：紅蘿蔔皮 1 條量、沙拉油 200ml

作法：

1 把削下的紅蘿蔔皮洗淨，沙拉油倒入鍋，開中火加熱至 120 度。

2 放入紅蘿蔔皮，轉小火，炸至油變紅色、釋出香氣，關火。

3 將紅蘿蔔皮撈出，油倒入容器放涼，冷卻後將放入冰箱冷藏。用於青菜類或代替香油做為提香。

花椒油

材料：花椒粒 5g、沙拉油 200ml

作法：

1　沙拉油入鍋，開中火加熱至 100 度。

2　放入花椒粒，轉小火，炸至有香氣、油變暗紅色，關火。

3　油倒入容器放涼，冷卻後將放入冰箱冷藏。用於所有麻辣味道的菜或湯，也可調成醬汁。

蟹黃醬

材料：紅蘿蔔 1200g、南瓜 1200g、水 1000ml、沙拉油 100ml、薑黃粉 3.75g

作法：

1　南瓜、紅蘿蔔、水攪打成碎粒，備用。

2　鍋內加沙拉油，倒入南瓜紅蘿蔔碎粒、薑黃粉，炒至小滾。

3　轉小火慢煮 20 分鐘，即為蟹黃醬。

Tips 若用量不多，煮好後先冷卻再分裝四小袋冷凍保存，要用時再解凍即可。

蜂蜜芥末籽醬

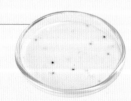

材料：美乃滋 500g、蜂蜜 50g、黃芥末醬 60g、法式芥末籽醬 1/2 匙、水 75g

作法：將水、美乃滋、黃芥末醬、法式芥末籽醬、蜂蜜攪拌均勻。

特製咖哩醬

材料：水 4.2L、咖哩粉 100g、咖哩塊 240g、馬鈴薯 1 顆、紅蘿蔔 1/4 條、素火腿片 38g、中芹 20g、麥芽糖 800g、素高湯 85ml、素蠔油 115ml

作法：

1　馬鈴薯、紅蘿蔔削皮，切薄片。

2　取一鍋，加水倒入所有材料，水滾後轉小火煮 30 分鐘，煮至馬鈴薯及紅蘿蔔碎化為精華濃縮狀，即成。

子排醬

材料：中芹 15g、白蘿蔔塊 60g、素火腿 20g、乾香菇（泡軟）22.5g、水 1200ml、素蠔油 10ml、醬油 10ml、冰糖 200g、花椒粒 2 顆、桂皮 15g、月桂葉 0.8g、紅麥芽糖 100g、滷包 1 包

作法：

1 除了紅麥芽糖以外的材料都放入鍋內，水滾後轉小火熬煮 1 小時。

2 所有食材撈出，再倒入紅麥芽糖，以大火煮至濃稠。過程中需不時攪拌，以免麥芽糖沾黏鍋底。

橙汁醬

材料：白醋 600g、柳橙汁 450ml、砂糖 600g、桔子粉 50g、橘子瓣 400g、香魁克 50ml、吉士粉 100g

作法：將所有材料倒入鍋中，以小火煮至滾，即成為橙汁醬。

蔬菜醬

材料：番茄果肉 1275g、蕃茄糊 375g、蕃茄醬 416g、高麗菜 480g、紅蘿蔔 120g、洋菇 2 顆、西芹 50g、水 1500ml、鹽 11.25g、月桂葉 2 片、巴西利 10g、九層塔 10g、義大利香料 3.75g

作法：所有蔬菜類食材以食物調理機攪碎，和其他材料一起倒入鍋內，以中小火煮開即可。

蔬菜高湯

材料：白菜 1/2 顆、黃豆芽 300g、白蘿蔔 1/2 條、昆布 1/2 條、玉米 1 條、薑 10g、水 1000ml

作法：

1 將白菜對切，黃豆芽洗淨，白蘿蔔對切，玉米切段。

2 取一個湯鍋，加入所有食材、水，以小火小滾熬煮至食材軟爛，最後將食材撈起，湯放涼。

3 建議分成一包包冷凍，要用時取出化冰即可。

蔬果的挑選與保存

。

Pick & Preserve

介紹書內常用的蔬果，分為瓜類、葉菜類、根莖類及菇類，教你該如何挑到最美味的食材、如何保存才能讓新鮮度維持最久！

瓜類

首先，無論是哪一種瓜類，形體應完整、外表無過多損傷。南瓜應選則表皮覆蓋果粉、果皮堅硬，代表果實已熟成且甜。苦瓜、絲瓜應選擇筆直，不要過於彎曲的；苦瓜宜選表面凸起、顆粒較大且飽滿者，絲瓜則應選擇富有彈性者，代表水分足夠、瓜質嫩。

以手指按壓瓜身，
愈有彈性代表瓜質愈好。

瓜質好的絲瓜肉
質綿密、籽量少。

菜類

高麗菜外觀應選擇翠綠，蒂頭白皙，以手指於蒂頭周圍按壓，葉菜有蓬鬆感代表水分高。青花菜挑選以外表翠綠，若顏色泛黃或有水傷，較容易腐壞。甜椒果型應端正且飽滿，外表漂亮，蒂頭則應翠綠，枯萎的蒂頭代表不新鮮。

以手指按壓高麗菜蒂頭周圍，
看葉菜是否有蓬鬆感。

各種菇類

菇類挑選形狀完整，外型大粗、挺直，水分飽滿，質感勿軟爛者。菇類最怕冰過後產生水氣，一有水氣就容易腐爛，在市場購買時應挑選乾燥、摸起來沒有黏稠感、有淡淡香味者才新鮮。

根莖類

蘿蔔應選擇形狀正直、粗壯，表面光滑、聲音清脆者。馬鈴薯應選則表皮光潔、芽眼淺的。新鮮山藥的表皮應該光滑、毛鬚完整。蘆筍應選擇筍尖鱗片飽滿、筍枝粗壯、根部沒有變色者為佳。

蘿蔔挑選可用手指輕彈，聲音清脆者為佳。

建議的蔬果保存方式

無論是剛買回來，還是沒用完的蔬果，都應先用牛皮紙包起來，再放入冰箱冷藏，減少空氣和蔬果的接觸，就能維持較長的保鮮期限。沒有用完的蔬果，在用牛皮紙包起來後，建議放進保鮮盒，維持冰箱空間整齊外，也較不容易因層層疊放而壓壞。如果是已經切塊的蔬果、或者散狀的菇類，直接放進夾鍊保鮮袋裡冷藏即可。

前菜
Appetizer

在進入主旋律前，開啟味覺的前奏

川味吉絲拉皮

靈感來自葷食的雞絲拉皮，
運用杏鮑菇類似雞胸肉的綿密口感，
創造天然、迷人的健康風味。

材料

 調味料

杏鮑菇 1 條

小黃瓜 1/2 條

涼粉皮 1 張

堅果 10g

白芝麻 2g

香菜 適量

胡麻醬 3 大匙

辣椒油 1/2 小匙

花椒油 1/2 小匙

香油 1/2 小匙

醬油膏 1 大匙

白醋 1 小匙

1　將杏鮑菇、小黃瓜切成細絲，備用。

2　涼粉皮切成條狀、堅果切碎，備用。

3　熱油鍋至 180 度，放入杏鮑菇絲，炸至金黃色後撈起瀝乾油。

4　將所有調味料倒入碗中攪拌均勻，即成醬汁。

5　依序堆疊上涼粉皮、小黃瓜絲，最後放上炸至金黃的杏鮑菇絲，淋上調好的醬汁、撒堅果粒、白芝麻及香菜即完成。

南瓜金絲手捲

跳脫一般三角飯糰造型，
以長圓狀呈現，食用更方便，
黃澄酥香的南瓜絲，
大小朋友都愛吃！

材料

南瓜 200g
剛煮好的白飯 100g
海苔（半片裝）4 張
味島香鬆 10g

 調味料

白醋 4 大匙
糖 2 大匙
美乃滋 適量

1　南瓜削皮去籽，切成細絲。

2　熱油鍋至 100 度，放入南瓜絲炸至酥脆後撈起瀝乾，可置於紙巾上吸乾多餘油分。

3　將白醋、糖放入碗中，攪拌至溶解，即為壽司醋。

4　將煮好的白飯舀入容器，攤開散熱，再把壽司醋輕輕拌入白飯（注意不要壓碎米粒）。

5　取一片海苔，邊緣留 3cm，擺上醋飯 50g，撒上味島香鬆 2g，擠上一條美乃滋，再鋪上炸好的南瓜絲，捲成長條狀，在最後封口處擠少許美乃滋固定。其餘手捲步驟同上。

阿霖師 's Tips

壽司飯一定要放涼後才包，否則容易使海苔變軟。

梅子醬蘿蔔

芬郁的梅香入鼻讓人神清氣爽；
酸甜的梅味配上沁甜的白蘿蔔片，
交織出甘甜和鳴、餘香繞舌的難忘滋味。

材料

白蘿蔔 600g
白話梅 5 顆

調味料

醬油 10 大匙
糖 14 大匙
鹽 1 小匙
五香粉 1/2 小匙
水 4 大匙

1　白蘿蔔洗淨去皮，切薄片，加適量鹽巴，將白蘿蔔與鹽巴抓均勻，靜置 20
　　分鐘，待白蘿蔔變軟。

2　用清水清洗白蘿蔔至沒有鹽味，擠乾備用。

3　所有調味料倒入鍋中煮滾，加白話梅，放涼備用。

4　將白蘿蔔片放置醬汁中醃漬，冷藏一天即可享用。

豌豆涼粉

從雲南菜變化而來，
Q 彈爽口的涼粉搭配又香又麻的特調醬汁，
打造可口、開胃的均衡口感。

材料

涼粉塊 100g

粉粿 100g

小黃瓜 1 條

花生碎 10g

小豆苗 10g

花生粉 50g

棉糖 50g

醬汁

酸辣醬 1 小匙

辣椒油 1 大匙

醬油 3 大匙

糖 3 大匙

水 8 大匙

1　涼粉塊、粉粿切成 1cm 厚片，小黃瓜切成細絲。

2　花生粉與棉糖以 1：1 比例混合為甜花生粉。

3　將所有醬汁材料攪拌均勻，備用。

4　取一容器，放入涼粉片、粉粿片並淋上醬汁，撒甜花生粉跟花生碎，再放上
　　小黃瓜絲跟小豆苗點綴即可。

香柚豆腐佐莎莎 蛋素

嫩豆腐酥炸後淋上西式莎莎醬和碎香柚，
柔嫩的口感中帶有淡淡的柚香，
與酸甜的滋味完美融合。

材料

 調味料

材料	調味料
牛蕃茄 1 顆	橄欖油 1 小匙
紅甜椒 20g	黑胡椒粒 1/2 小匙
黃甜椒 20g	鹽 1/2 小匙
小黃瓜 20g	檸檬汁 1 小匙
九層塔 5g	義大利香料 1/2 小匙
雞蛋豆腐 1 盒	棉糖 1 大匙

1　牛蕃茄入鍋汆燙後去皮。

2　將去皮的牛蕃茄、紅甜椒、黃甜椒、小黃瓜切成丁狀，九層塔切末，全部置於一大碗中。

3　所有調味料攪拌均勻，淋在作法 2 的食材上，混合均勻即為莎莎醬，備用。

4　雞蛋豆腐切塊。熱油鍋至 180 度，將豆腐塊炸至呈金黃色，撈起瀝乾油分。

5　將瀝好油的炸豆腐置於盤中，淋上調好的莎莎醬汁即可。

冰鎮苦瓜梅子

精選白玉苦瓜汆燙後撈起冰鎮，
加上特調梅子醬汁，微酸、沁涼的風味，
讓不愛吃苦瓜的人也一吃就愛上！

 材料

白玉苦瓜 500g

 醃料

白醋 400g
糖 400g
紫蘇梅 10 顆
話梅 10 顆

1　苦瓜洗淨後對切去籽，將內膜完全去除，切成薄片。

2　苦瓜片以滾水汆燙，再立刻放入冷水冰鎮，撈起備用。

3　白醋、糖以 1：1 比例拌勻，再加紫蘇梅、話梅做成醃漬醬汁。

4　將冰鎮過的苦瓜放入醬汁醃漬，冷藏一個晚上即可。

松子起司鮮蔬捲 蛋奶素

將客家村傳統金桔醬與美乃滋混合，
保留其濃郁醇厚的金桔香，與鮮蔬捲一同入口，
香氣豐富、層次感鮮明。

材料

高麗菜 100g

紫高麗菜苗 50g

葡萄乾 10g

素肉鬆 10g

全張海苔 13 張

蛋皮 1 張

松子 5g

起司粉 5g

 醬汁

美乃滋 5 大匙

水 1 大匙

金桔醬 1 大匙

1　紫高麗菜苗、高麗菜洗淨，高麗菜切細絲，備用。

2　將所有醬汁材料攪拌均勻，備用。

3　取一蛋皮，依序疊放全張海苔、高麗菜絲、紫高麗菜苗、葡萄乾、素肉鬆，
　撒上起司粉。

4　捲成長條狀，在海苔最上端擠少許美乃滋（材料外）固定，避免海苔捲散開。

5　將包好的海苔捲切成 6 塊，淋醬汁，再點綴上松子。

水果生菜薯泥甜筒 蛋奶素

靈感來自冰淇淋甜筒，
將季節性水果、生菜做成沙拉，
放入脆皮甜筒內，
不但造型可愛，風味更是獨具！

材料

 調味料

脆皮甜筒 4 個　　　　鹽 1/2 小匙

美生菜 100g　　　　胡椒粉 1/4 小匙

小黃瓜 50g　　　　　糖 1/2 小匙

紅蘿蔔 50g　　　　　糖粉 10g

馬鈴薯 200g　　　　融化的無鹽奶油 15g

原味優格 250g

巧克力棒 1 包

草莓 8 顆

1　將所有蔬果食材洗淨，美生菜切成細絲，小黃瓜、紅蘿蔔切成丁狀。

2　紅蘿蔔丁先入鍋汆燙，放涼備用。

3　馬鈴薯帶皮蒸煮 30 分鐘後去皮，趁熱壓成薯泥，放涼。

4　小黃瓜丁、紅蘿蔔丁倒入薯泥中拌均，再加鹽、胡椒粉、糖、奶油攪拌均勻。

5　攪拌好的薯泥捏成約高爾夫球大小的球狀，備用。

6　脆皮甜筒塞入美生菜絲，淋上原味優格，放上薯泥球並以巧克力棒跟草莓點綴，最後在草莓上撒少許糖粉。

阿霖師 's Tips

馬鈴薯帶皮蒸是為了避免含水量過多；蒸好後記得趁熱壓成泥，雖然手感較燙，但不易結塊，薯泥球的口感才會好。

玉葉沙拉佐蜂蜜芥末

有別於一般蝦鬆的作法，
將熱菜做成冷盤，
使用比利時小白菜配上自調醬料，
是適合夏季炎炎的開胃菜。

材料

比利時小白菜 100g
杏鮑菇 80g
洋地瓜 20g
乾香菇 20g
紅甜椒 20g
黃甜椒 20g
油條 20g
芹菜 20g
薑末 少許

調味料

素蠔油 1/2 小匙
素高湯 1/2 小匙
胡椒粉 1/4 小匙
香油 1/2 小匙
太白粉水 少許
蜂蜜芥末籽醬 適量

1　將芹菜、杏鮑菇、洋地瓜、乾香菇、紅甜椒、黃甜椒洗淨切成丁，備用。

2　熱油鍋至 80 度放入油條炸至酥脆，起鍋切碎備用。

3　再熱油鍋至 100 度，將杏鮑菇丁、乾香菇丁炸至金黃色，撈起瀝乾油分。

4　薑末爆香，並倒入所有蔬菜丁拌炒，加素蠔油、素高湯、胡椒粉、香油調味後，用太白粉水稍微勾點薄芡起鍋，成餡料。

5　將餡料和油條碎置於洗乾淨的比利時小白菜中，淋上蜂蜜芥末籽醬汁（醬汁作法請見 p.22）。

楓糖山藥細麵

創意發自日本流水細麵，
其中帶有焦糖味的楓糖及日式和風醬，
是這道菜最別出心裁之處。

 材料

日本山藥 400g

 調味料

楓糖 40g
日式柚子和風醬油 80g

1　日本山藥洗淨削皮，切成細絲，盛盤。

2　日式柚子和風醬油與楓糖混合均勻，淋在山藥絲上。

阿霖師 's Tips

若覺得有點單調，也可如成品圖般加素的鮭魚卵，點綴了整道料理之外，口感也更
有層次喔！

時蔬琉璃捲

來自於越南生春捲的創意發想菜色，
清脆的蔬果絲與透明的春捲皮搭配起來，
無論外觀和口感都極為清爽。

 材料　　　　調味料

越式春捲皮 4 張　紫高麗菜苗 50g　　美乃滋 50g

綠捲鬚 30g　　　蘋果 1 顆

西生菜 100g　　　小黃瓜 1 條

花生碎粒 20g　　菜酥 20g

1　將綠捲鬚、紫高麗菜苗洗淨，泡冷水冰鎮備用。

2　蘋果洗淨去皮去籽、小黃瓜洗淨去籽，皆切成條
　狀；西生菜洗淨切絲，備用。

3　手沾少許水，將越式春捲皮沾濕，使其軟化。

4　取一春捲皮攤平，依序放上生菜絲、蘋果條、小
　黃瓜條、紫高麗菜苗及花生碎粒、菜酥、美乃滋。

5　以包春捲的方式，先由下緣往內折，將餡料蓋起
　後，再將左右兩邊往內折，捲成春捲狀即成。

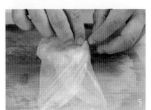

阿霖師 's Tips

小黃瓜去籽後較不易出水，口感也較清脆。

炭燒杏菇捲

杏鮑菇經過油炸、煙燻、火烤三步驟，
鎖住了精華美味，一端上桌就讓人垂涎欲滴，
入口更是驚喜連連。

材料

杏鮑菇 2 條
白芝麻 10g

調味料

糖 適量
烤肉醬 適量

1　先將杏鮑菇切成段圓形，中間挖洞形成中空狀，再將側面畫刀（但不切斷）。

2　熱油鍋至 120 度，放入切好的杏鮑菇，炸至金黃色後撈出，備用。

3　將鋁箔紙折成小碗狀（或其他能導熱的物品），倒入糖適量，置於鐵鍋內，
　　於上頭擺放木筷或鐵架，再放上炸好的杏鮑菇，開小火蓋上鍋蓋。

4　待鍋內冒出煙，即關火，不掀鍋蓋稍微悶一下。

5　於煙燻過的杏鮑菇上塗烤肉醬，放入烤箱，以上下火 200 度烤約 3 ～ 4 分鐘，
　　最後撒上白芝麻。

阿霖師 's Tips

作法 3 之步驟為「糖煙法」，可將食材燻烤上色。除了糖之外也可加入米、麵粉或
茶葉、八角等為食材添增不同香氣。

1

1

3

5

Chapter

2

主食 & 湯品
Rice, Noodle and Soup

飯、麵、湯，滿足胃的溫暖料理

香椿荷葉飯

與一般港式荷葉飯不同，
內餡材料全以蔬菜代替，
蔬菜自然的甜味與荷葉的香氣完美融合，
讓人愛不釋口。

材料

 調味料

長糯米 600g	香菇 300g	鹽 8g	素蠔油 75g
紅蘿蔔 300g	洋地瓜 300g	糖 22g	香椿醬 20g
杏鮑菇 300g	荷葉 適量	香油 32g	五香調味料 1g
筍子 300g		醬油 75g	太白粉水 適量

1 糯米洗淨後泡 3 小時，再放入電鍋蒸煮 1 小時。

2 煮好的糯米加入鹽 4g、糖 12g、香油、香椿醬調味拌勻，備用。

3 將紅蘿蔔、杏鮑菇、筍子、洋地瓜洗淨後切成丁狀。

4 熱鍋，放入切好的蔬菜丁炒香，加鹽 4g、糖 12g、醬油、素蠔油、五香調味料拌炒均勻，最後加入太白粉水勾芡，即成餡料。

5 取一平盤，鋪上作法 2 做好的糯米飯，一半鋪滿餡料後，將另一半對折蓋上，切成適當大小的方型飯餅。

6 取一片切好的荷葉，沒有梗的葉面朝上，內緣留約 3cm 將飯餅包入荷葉中。

7 對折面朝下放入電鍋，蒸約 15 分鐘。

阿霖師 's Tips

荷葉處理

荷葉買來時是一大片，需先將荷葉洗淨泡過，擦乾後對折，切去蒂頭，再對折切半即可。一片可切 6 小片。

芋香八寶飯

改良港式八寶飯，
選用嚼感與肉丁相似的芋頭丁，
搭配向小農直購無毒宜蘭米，
既能品嚐美味又吃得健康！

材料

豆干 30g

乾香菇 20g

炸豆包 30g

杏鮑菇 30g

玉米筍 20g

毛豆仁 20g

芋頭 40g

青江菜 2 朵

白飯 500g

牛蒡 25g

薑末 少許

 調味料

薑末 1/2 小匙

糖 1/2 大匙

胡椒粉 1/2 小匙

香油 1/2 小匙

醬油 2 小匙

蔭油膏 1 小匙

1　乾香菇泡軟和芋頭、杏鮑菇、炸豆包、五香豆干，玉米筍、青江菜一起切成丁狀，牛蒡切絲、毛豆仁洗淨，備用。

2　熱油鍋至 100 度，將豆干丁、乾香菇丁、杏鮑菇丁、芋頭丁、杏鮑菇丁入油鍋炸香，撈起瀝乾備用。

3　將牛蒡絲炒香後再加醬油 1 匙拌炒，最後淋上香油。

4　將煮好的白飯置入容器，與炒好的牛蒡絲、蔭油膏拌勻後盛盤，備用。

5　以中火爆香薑末，再倒入作法 1、2 的蔬菜丁一起拌炒，最後加胡椒粉、醬油 1 匙、糖，完成後倒在拌好的白飯上

片兒川

創意來自杭州名菜片兒川。
利用腐皮的香 Q 代替肉片的咬勁，
加上黃拉麵的嚼勁，
散逸令人銷魂的好滋味。

材料

調味料

腐竹枝 20g

黃拉麵 110g

雪里紅 25g

綠竹筍 20g

薑 1 小塊

水 適量

素蠔油 5 小匙

胡椒粉 少許

蔬菜高湯 700ml

素高湯 1 小匙

糖 1/2 小匙

香油 1/4 小匙

中芹油 1/4 小匙

1　腐竹枝用適量溫水泡軟切成段片，倒入鍋加素蠔油 3 匙、胡椒粉、糖、水，以小火滷 20 分鐘入味，備用。

2　黃拉麵汆燙煮熟，備用。

3　將雪里紅、薑切末，綠竹筍切片。

4　以中火爆香薑末，加入雪里紅末、綠竹筍片、腐竹枝、香油炒勻，再倒入蔬菜高湯、素蠔油 2 匙、胡椒粉、素高湯。

5　最後加入煮好的黃麵條煮至滾，滴入中芹油。

醬滷麵

洋溢芬芳的醬香，
入口層次豐富的風情萬種，
秘訣都隱藏在那一道獨門醬料之中。

材料

素火腿 20g

紅蘿蔔 20g

香菇 20g

豆干 20g

毛豆仁 20g

黃拉麵 340g

薑末 少許

 調味料

素蠔油 1 大匙

胡椒粉 1/4 小匙

醬油 1/2 大匙

糖 1/2 大匙

香油 1/2 大匙

太白粉水 少許

1　所有食材洗淨備妥後，將素火腿、紅蘿蔔、香菇、豆干切成丁狀。

2　熱油鍋至 160 度將素火腿丁、紅蘿蔔丁、香菇丁、豆干丁炸香至上色，撈起瀝乾備用。

3　黃拉麵入滾水汆燙煮熟，備用。

4　以中火爆香薑末，將炸好的素火腿丁、紅蘿蔔丁、香菇丁、豆干丁和毛豆仁加入拌炒，用素蠔油、胡椒粉、醬油、糖調味後，以太白粉水勾芡再加香油，即成為醬滷。

5　煮好的拉麵盛碗，淋上做好的醬滷即可享用 。

綠豆薏仁燉排湯

改版自江浙綠豆薏仁燉烏雞。
綠豆薏仁具有排毒、降火氣的功效，
搭配上冬瓜、薑片、紅棗等食材，養生的一品。

 材料

綠豆 10g
薏仁 10g
香椿素排骨 2 塊
冬瓜 30g
薑片 2 片
紅棗 1 顆

 調味料

素高湯 1 大匙
蔬菜高湯 700ml

1　綠豆、薏仁洗淨泡水備用。

2　嫩薑去皮、切菱形片。冬瓜去皮切塊，煮水汆燙，備用。

3　將泡過水的綠豆、薏仁撈起放入鍋內，再放入薑片、紅棗、香椿素排骨、汆燙過的冬瓜，倒入蔬菜高湯、素高湯。

4　用保鮮膜封好入電鍋蒸煮一小時。

豆漿牛奶鍋 （奶素）

女性朋友的最愛，
利用牛奶的特性讓豆漿不易黏鍋。
烹調步驟簡單，也適合忙碌的上班族。

 材料

調味料

高麗菜 250g	南瓜 20g
角螺 15g	青花菜 20g
牛蕃茄 30g	鮮香菇 1 朵
蒟蒻絲 2 捲	金針菇 20g
雪白菇 30g	無糖豆漿 700ml
黑珍珠菇 30g	牛奶 100ml

素高湯 1 大匙

1　所有蔬果洗淨，高麗菜切大片、牛蕃茄切小塊、南瓜切片、青花菜切小朵，
　　備用。

2　將無糖豆漿、牛奶、素高湯混合均勻，即為鍋底。

3　所有食材放入鍋中，並倒入作法 2 的湯底，以中小火慢慢燉煮至滾。

田園蔬菜湯

羅宋湯的蔬食版，是絕佳的開胃湯品，
在酷熱的溫度裡，來一碗消暑的酸甜滋味吧。

 材料

 調味料

高麗菜 100g

青花菜 50g

白花菜 50g

牛蕃茄 60g

鮮香菇 30g

鮑魚菇片 30g

蔬菜高湯 500ml

素高湯 2 小匙

糖 1/2 大匙

蔬菜醬 700ml

紅蘿蔔油 1/2 小匙

1　材料洗淨後，高麗菜切塊，青花菜、白花菜切小朵，牛番茄切小塊，鮮菇、
鮑魚菇切片。

2　將切好的蔬菜以熱水汆燙，撈起備用。

3　鍋內倒入蔬菜高湯、素高湯、蔬菜醬（作法請見 p.23）、糖，加熱後放所有
燙過的蔬菜，最後加紅蘿蔔油。

無花果椰仁盅

營養價值高的無花果搭配清爽的椰仁、紅棗等，
湯頭香甜，好滋味教人嘖嘖回味。

 材料

無花果 2 顆
生腰果 4 顆
椰仁 3 片
鮮香菇 1 朵
紅棗 1 顆
薑片 1 片

 調味料

素高湯 1 大匙
蔬菜高湯 700ml

1　嫩薑去皮洗淨，切成菱形片。鮮香菇、無花果、椰仁、紅棗洗淨備用。

2　取一陶瓷湯盅，放入生腰果、備好的食材。

3　盅內倒入蔬菜高湯、素高湯，用保鮮膜封口。

4　放入電鍋蒸 1 小時即可。

牛蒡羹

好處多多的牛蒡打成泥，
與菇類、青花菜、腰果一起燉煮，
味道鮮甜、更養生健體。

材料

牛蒡 80g
生腰果 30g
鮮香菇 50g
洋菇 50g
青花菜 40g
薑末 少許
水 700ml

調味料

素高湯 1 大匙
太白粉水 少許

1　牛蒡洗淨後削皮、切片，入電鍋蒸熟後放涼，用果汁機打成泥，備用。

2　鮮香菇、洋菇洗淨切片，青花菜切小朵。將鮮香菇、洋菇片、青花菜、生腰果汆燙約 2 分鐘，撈起備用。

3　以中火爆香薑末，加入水、牛蒡泥、素高湯、鮮香菇片、洋菇片、青花菜、生腰果，煮至滾。

4　最後加入少許太白粉水勾芡，即完成。

老菜脯燉梨湯

清甜的梨子與陳香的老菜脯，
兩樣看似八竿子打不著的食材，
共同蒸煮出的湯品令人意外地特別對味！

 材料

 調味料

老菜脯 10g

素高湯 1 大匙

水梨 30g

栗子 1 顆

雞豆 10g

紅棗 1 顆

薑片 1 片

生腰果 10g

水 700ml

1　老菜脯洗淨切塊，備用。

2　水梨削皮去籽，切塊狀，備用。

3　將老菜脯、薑片、水梨、生腰果、雞豆、栗子、紅棗放入湯盅。

4　再加水、素高湯，蓋上一層保鮮膜，放入電鍋蒸煮 30 分鐘即可。

熱食
Hot Meal

蔬菜、熱油在鐵鍋裡共舞

乾椒鮮筍

以乾煸四季豆的作法為基礎，
運用鮮筍和各種菇類，再用花椒粒提香，
一端上桌，氣息迷人。

 材料

 調味料

柳松菇 120g
洋菇 56g
鮮香菇 56g
綠竹筍 40g
乾辣椒段 5g
沙拉油 少許

醬油 1 小匙
胡椒粉 1/2 小匙
米酒 1 小匙

1　柳松菇切蒂頭，洋菇、鮮香菇、綠竹筍洗淨後切成 0.5 公分厚片。

2　熱油鍋至 180 度，放入柳松菇、洋菇片、鮮菇片、綠竹筍炸至金黃色後撈起瀝乾。

3　將乾辣椒段爆香，放入炸好的柳松菇、洋菇片、鮮菇片及綠竹筍片拌炒。

4　加醬油、胡椒粉調味，最後於鍋邊撒少許米酒提香，即完成。

天香腐皮捲 蛋素

改良版皮蛋豆腐。
將搗碎的臭豆腐和皮蛋結合，
碰撞出美味絕倫的好滋味，
佐以薑汁醬油膏，更是絕妙。

材料

 調味料

腐皮 2 張
臭豆腐 1 塊
皮蛋 1 顆
香菜 5g
芹菜 5g
全雞蛋 20g
中筋麵粉 20g
鳳梨泡菜 適量

鹽 5g
胡椒粉 5g
薑汁醬油膏 適量

1　臭豆腐捏碎、香菜切末、芹菜切細段，皮蛋蒸熟後搗碎，與全雞蛋、鹽、胡椒粉攪拌均勻成餡料，備用。

2　中筋麵粉加少許水，用打蛋器拌成麵糊。

3　取兩張腐皮鋪平，挖約一飯碗量的餡料包入，以包春捲的方式捲成長條狀（腐皮連接處以麵糊做固定）。

4　熱油鍋至 120 度，放入做好的腐皮捲炸至金黃色，起鍋、瀝乾切成塊狀。

5　將切好的腐皮捲置於盤中，搭配鳳梨泡菜、薑汁醬油膏享用。

阿霖師 's Tips

· **清爽的鳳梨泡菜**：高麗菜洗淨後以適量鹽巴醃製，出水後擠乾，放進容器；再放入鳳梨切片、青辣椒、紅辣椒及紅蘿蔔切絲，加比例 1：1 的糖、醋，蓋過所有食材，醃製一晚。

· 皮蛋需事先蒸熟，是為了讓料理時不會軟爛，也可降低嗆味。

宮保海苔條

宮保的不是雞丁、不是皮蛋，而是特製的海苔條。
蒸過的海苔條與翠綠的碧玉筍一起翻炒，
恰好的辣味讓人一口接一口，連不嗜辣者都頻頻稱讚。

材料

海苔（全張）2 張　　白芝麻 少許

豆包漿 120g　　　　薑末 少許

香菇 10g　　　　　乾辣椒 5g

紅蘿蔔 10g　　　　太白粉 少許

馬蹄 5g　　　　　　麵糊 少許

碧玉筍 2 支

調味料

醬油 1 大匙

糖 1 大匙

胡椒粉 1/2 小匙

醋 1 小匙

素蠔油 1 大匙

素高湯 1 大匙

香油 2 小匙

1　將紅蘿蔔削皮、切丁，香菇、馬蹄切成丁。碧玉筍切小段，備用。

2　鍋內倒適量沙拉油，開中小火熱油至 100 度，將紅蘿蔔、香菇炸香後，撈起瀝乾。

3　豆包漿、香菇丁、紅蘿蔔丁、馬蹄丁一起攪拌均勻，加素高湯、胡椒粉、香油 1 匙、太白粉攪拌成餡料。

4　海苔平鋪，放上拌好的餡料，捲成長條圓柱狀海苔條，最後以麵糊固定。

5　將海苔條放入電鍋，蒸 4 分鐘後取出，切去頭尾，再切成四段，備用。

6　以中火爆香薑末，加入乾辣椒炒香，再加素蠔油、香油 1 匙、醋、醬油、糖調味。

7　最後放入蒸好的海苔條、碧玉筍、白芝麻拌炒，以少許太白粉水勾芡即完成。

Baby 椒炒杏菇

使用來自恆春的翡翠椒，
營養價值高且味道不辛辣，
讓不敢吃辣的人也能嚐鮮！

 材料

 調味料

翡翠椒 112g　　　　醬油 1/2 大匙
杏鮑菇 112g　　　　胡椒粉 1/2 小匙
紅甜椒 10g　　　　素高湯 1/2 大匙
薑末 5g　　　　　　米酒 1 小匙

1　翡翠椒切段，杏鮑菇切條，紅甜椒去籽切成條狀。

2　熱油鍋至 100 度，放入切好的翡翠椒段、杏鮑菇條、紅甜椒條過油，備用。

3　以中火爆香薑末，放進過好油的翡翠椒段、杏鮑菇條、紅甜椒條，加入醬油、胡椒粉、素高湯調味。

4　將湯汁煮至收乾，於起鍋前加些許米酒提香。

蠔油淮山茄香煲

蔬式創意料理又一道！
微脆爽口的山藥放入香軟的茄肉中，
更能凸顯茄肉的滑嫩感，
以小火慢煲，一端上桌香氣噴發。

材料

 調味料

茄子 160g

山藥 50g

雞豆 37.5g

薑片 5g

九層塔 5g

碧玉筍 5 支

辣椒 5g

醬油 1 大匙

素蠔油 1 大匙

香油 1 小匙

糖 1 大匙

蔬菜高湯 5 大匙

太白粉 少許

1　碧玉筍切小段，備用。

2　茄子洗淨切成 4 公分長條段狀，中間挖洞；山藥洗淨切 3 公分條狀，塞入茄子中心。

3　鍋內倒適量沙拉油，開小火熱油至 140 度，將茄子山藥條兩頭沾少許太白粉封口（以免山藥滑出），下鍋油炸 30 秒，撈起瀝乾，備用。

4　以中小火爆香薑片，放入辣椒、醬油、素蠔油、糖、香油、蔬菜高湯拌炒，再加茄子山藥條、雞豆、碧玉筍慢燒至入味。

5　起鍋前，加九層塔快火拌炒後，再以少許太白粉水勾芡。

玉貝滑蛋豆腐 （蛋素）

在烘蛋中融入鮮嫩滑口的豆腐，
淋上類似魚香肉絲醬風味的特製淋醬，
在口中譜出諧美動人樂章。

材料

毛豆仁 20g

菜脯 20g

紅蘿蔔 10g

馬蹄 10g

雞蛋 3 顆

中芹 5g

木耳 20g

薑 10g

火鍋豆腐 1/4 盒

調味料

素蠔油 1 大匙

胡椒粉 1/2 小匙

糖 1 大匙

米酒 1 小匙

中芹油 1 小匙

水 15ml

太白粉水 少許

1　豆腐切成喜好的大小（厚度 0.5cm）、中芹切末；紅蘿蔔洗淨去皮，切丁；菜脯、馬蹄、毛豆仁、木耳、薑切末，備用。

2　蛋打入碗中，加少許太白粉水攪拌均勻，備用。

3　將打好的蛋汁煎至半熟，放入豆腐，兩面煎香後起鍋。

4　將蛋皮切成 6 等份，盛盤備用。

5　薑末入鍋，以中火爆香，將毛豆仁、木耳末、馬蹄末、中芹末、菜脯末、紅蘿蔔丁下鍋炒香，再加入素蠔油、胡椒粉、糖、水、米酒、中芹油調味。

6　煮開後，以少許太白粉水勾芡，淋在備好的蛋皮上即可。

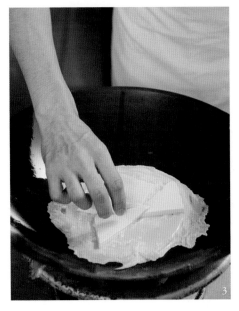

鳳梨蝦球 (奶素)

用紅毛丹取代蝦仁的彈 Q 口感，
鮮甜的水果降低了酥炸後的油膩，
食客的心就這樣被擄獲了！

 材料

 調味料

紅毛丹 10 顆
蘿蔓生菜 60g
健康果仁 20g
腰果 20g
酥炸粉 5 大匙
水 適量

美乃滋 少許

1　酥炸粉加水攪拌均勻，備用。

2　蘿蔓生菜洗淨，切段放盤中，備用。

3　熱油鍋至 120 度；紅毛丹裹上調好的酥炸粉，入鍋油炸至金黃色後，撈起瀝乾油分。

4　炸好的紅毛丹擺放至蘿蔓生菜上，擠美乃滋，撒上果仁、腰果。

阿霖師 's Tips

麵糊作法：酥炸粉與水混合至濃稠狀即可。以沾得住食材為主。

脆笛金絲捲

春捲皮包著可口內餡，捲成如脆笛酥般，
讓油溫替它上了一層金黃酥脆的外衣，
充滿童心的外型，不只好看，更是好吃。

材料

 調味料

春捲皮 4 張　　　　　素蠔油 1 小匙
金針菇 1 包　　　　　胡椒粉 1/2 小匙
紅蘿蔔 半條　　　　　素高湯 1 大匙
筍子 1 支　　　　　　香油 1 小匙
火腿 20g　　　　　　蜂蜜芥末籽醬 適量
麵糊 少許

1　紅蘿蔔洗淨、削皮後切絲，火腿切絲，筍子切絲。

2　將紅蘿蔔絲、火腿絲、筍絲、金針菇入鍋炒香，加入胡椒粉、素蠔油、香油、
　　素高湯調味後起鍋，放置碗中放涼備用。

3　取一張春捲皮，將炒料平整橫鋪在春捲皮上，捲成脆笛酥狀（一開始可利用
　　筷子稍微壓一下，較好固定），最後接縫處用麵糊黏起，即成脆笛捲。

4　熱油鍋至 100 度，將脆笛捲放入鍋中炸至呈金黃色，撈起瀝乾油分。

5　將炸好的長條春捲置於長杯中，沾取蜂蜜芥末籽醬（作法請見 p.22）享用。

阿霖師 's Tips

內餡炒好之後請務必先放涼，春捲皮包入過熱的餡料容易破掉。

咖哩燒若串 (蛋素)

口感極佳的杏鮑菇，經過香氣十足的辛香料醃製，
再塗上自家製的咖哩醬小火慢烤，
飄散出濃濃的南洋味，是養心的人氣料理之一！
誰說，蔬食不能走異國風呢！

材料

 醃料

杏鮑菇 250g

酥炸粉 適量

水 少許

白芝麻 少許

咖哩醬 適量

鬱金香粉 1g

咖哩粉 2g

孜然粉 1g

胡椒粉 0.5g

麵粉 20g

味精 2g

糖 0.5g

素高湯 5g

素蠔油 8g

素沙茶醬 5g

蛋 1 顆

1　杏鮑菇切成塊狀，汆燙後瀝乾備用。

2　將醃料混拌均勻，再放入切好的杏鮑菇，稍微抓勻醃漬，蓋上保鮮膜，放入
　　冰箱冷藏一天入味。

3　隔天取出杏鮑菇，用長竹籤將醃漬入味的杏鮑菇串成一串（約 3 塊一串）；
　　酥炸粉加少許水攪拌至稍微稠狀，將杏鮑菇串裹上酥炸粉。

4　熱油鍋至 160 度，放進杏鮑菇串炸至金黃色，撈出瀝乾。

5　將炸好的杏鮑菇串刷上咖哩醬（作法請見 p.22），放入 200 度烤箱烤 2 ～ 3
　　分鐘，表面冒泡即可取出，撒上白芝麻。

蟹黃雙椰花

運用南瓜泥、紅蘿蔔泥和薑黃粉模擬做出蟹黃的風味，
結合青花菜、白花菜等，
創造令人垂涎欲滴的可口佳餚。

材料

青花菜 130g
白花菜 130g
雪白菇 25g
黑珍珠菇 25g
薑末 5g

調味料

素高湯 1/2 大匙
胡椒粉 適量
香油 1 小匙
蟹黃醬 13 大匙
太白粉水 少許

1　所有蔬果材料洗淨，青花菜、白花菜切小朵，雪白菇切小段，黑珍珠菇切小段，備用。

2　熱油鍋至 120 度，放入白花菜過油後，撈起。

3　將青花菜、白花菜、黑珍珠菇、雪白菇汆燙。

4　開中小火爆香薑末，再放作法 3 的材料拌炒。

5　加蟹黃醬（作法請見 p.22）、素高湯、胡椒粉、香油調味，最後用太白粉水勾芡，盛盤。

阿霖師 's Tips

建議食材汆燙至 6 分熟即可，以免再次熱炒後過熟。

栗香獅子頭 蛋素

靈感來自葷食的獅子頭，
以酥炸的栗子增添其口感，
紅燒的香氣縈繞口中，
是有朋自遠方來時的迎客好菜。

材料

黃栗子 15g	娃娃菜 2 朵
牛蒡絲 10g	綠竹筍 20g
柳松菇 30g	乾香菇 20g
馬蹄 10g	紅蘿蔔 20g
炸豆包 15g	雞蛋 20g
芹菜 5g	太白粉水 少許
素肉漿 70g	薑末 10g
豆包漿 70g	蛋液 適量
川耳 30g	

調味料

A 素蠔油 1/2 大匙
　素高湯 1 小匙
　香油 1 小匙
　胡椒粉 1/2 小匙

B 醬油 2 大匙
　蔬菜高湯 200ml

C 醬油 1 大匙
　素蠔油 1/2 大匙
　素高湯 1 小匙
　香油 1 小匙
　胡椒粉 1/2 小匙
　蔬菜高湯 100ml

1　綠竹筍煮熟切片，乾香菇泡軟切片，紅蘿蔔削皮切片，川耳泡軟，娃娃菜放入電鍋，蒸至軟備用。

2　炸豆包切絲，牛蒡削皮切絲，馬蹄切碎擠乾，芹菜切末，柳松菇去蒂頭，備用。

3　熱油鍋至 180 度，放入柳松菇、牛蒡絲炸香。黃栗子炸至金黃色後用調理機攪碎。

4　將素肉醬、豆包漿與作法 2、3 備好的食材加入雞蛋、調味料 A，一起攪拌均勻為餡料。

5　把拌好的餡料捏成 1 顆 60g 球型，沾取蛋液，下油鍋（約 180 度）炸至金黃色。

6　炸好的獅子頭加調味料 B，放入電鍋蒸煮 30 分鐘。

7　以中小火爆香薑末，倒入調味料 C，再加入蒸好的獅子頭與作法 1 備好的食材，以小火燒煮 3 分鐘，太白粉水勾芡淋上即可。

橙汁蓮藕

微脆的蓮藕與綿密的芋泥，
碰撞出讓人有點驚奇的口感。
和自製的酸甜橙汁醬一齊入鍋翻炒，
裹了一層金黃色的水果滋味，好感度加倍。

材料

蓮藕 150g
芋頭 90g
酥炸粉 50g
白芝麻 少許

調味料

鹽 1g
橙汁醬 3 大匙

1　蓮藕洗淨削皮，切成 0.2 公分薄片，以圓形壓模壓成圓薄片，入鍋以熱水汆
　　燙後泡冷水，瀝乾備用。

2　芋頭洗淨削皮，切厚片，放入電鍋蒸熟，攪拌成泥，加鹽調味。

3　取兩片蓮藕片中間夾入芋泥（約 5g），裹上酥炸粉。

4　熱油鍋至 160 度，將作法 3 的蓮藕夾心下鍋油炸上色，撈起瀝乾。

5　中小火熱鍋，加橙汁醬（作法請見 p.23）煮至濃稠後，加入炸好的蓮藕片拌
　　炒拌勻。盛盤前撒上白芝麻即成。

阿霖師 's Tips

• 蓮藕容易氧化變色，可於水中加少許醋後浸泡，便可防止其變色。
• 若家中沒有圓形壓模，也可直接以切好的蓮藕片或切整成喜歡的大小製作。

干貝薏仁蘿蔔柱

用薏仁和豆腐泥做出的干貝蘿蔔柱，
看起來彷彿就像真的干貝，卻又多了薏仁 QQ 的嚼感，
口味溫潤，健康且養生。

材料

白蘿蔔 400g　　蛋白 20g
薏仁 10g　　　薑末 5g
中華豆腐 1/4 盒　枸杞 5 粒
髮菜 5g

調味料

素高湯 3 大匙
香油 1 小匙
鹽 1/2 小匙
蔬菜高湯 6 大匙
太白粉 少許

1　髮菜泡水。薏仁煮熟，備用。

2　白蘿蔔洗淨削皮，切成 2 公分厚片，中心挖空，放入器皿中，加水、素高湯 1 匙後入電鍋，蒸 10 分鐘後取出放涼，備用。

3　中華豆腐去水，壓成泥狀加蛋白、薏仁、鹽巴拌勻，最後加太白粉攪勻。

4　將薏仁豆腐泥裝入袋子，剪一小洞，填入白蘿蔔中空部位，入電鍋，蒸煮約10分鐘後盛盤，備用。

5　以中小火爆香薑末，加蔬菜高湯、素高湯 2 匙調味，再放髮菜、枸杞，用太白粉水勾芡、加點香油，最後淋在蒸好的薏仁蘿蔔柱上即成。

薏仁絲瓜柱 （蛋素）

澎湖絲瓜中內包豆腐泥、薏仁、百合等，
透過蒸煮方式保留絲瓜的甜脆與爽口，
是一道營養又美味的料理。

材料

 調味料

 特調醬汁

材料	調味料	特調醬汁
玉米筍 20g	素高湯 1 小匙	薑末 少許
澎湖絲瓜 200g	米酒 1/2 小匙	素蠔油 1 大匙
薏仁 10g	鹽 1 小匙	蔬菜高湯 45ml
火鍋豆腐 1/4 盒	太白粉 少許	糖 1/2 匙
蛋白 20g		香油 少許
百合 20g		
扣子菇 20g		
枸杞 4 粒		
薑末 少許		

1　薏仁洗淨放入電鍋蒸熟。

2　玉米筍切片，澎湖絲瓜削皮切段（約 3cm）、挖除中心部位，備用。

3　將火鍋豆腐去水壓成泥狀，加入蒸好的薏仁、蛋白、太白粉、鹽調味拌勻。

4　豆腐泥塞入備好的絲瓜中心，入電鍋蒸 8 ～ 10 分鐘即成絲瓜柱，備用。

5　以中小火爆香薑末，再放玉米筍片、百合、扣子菇、枸杞，加米酒、素高湯調味，倒在蒸好的絲瓜柱上。

6　特調醬汁製作：以中小火爆香薑末，加入素蠔油、蔬菜高湯、糖、香油，稍微拌勻即成。

7　最後將特調醬汁淋在絲瓜柱上。

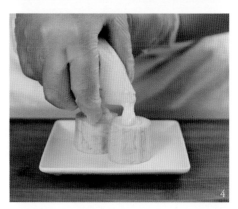

西芹帶子

利用山藥取代干貝，
透過港式料理 XO 炒干貝的手法，
製作出不輸給葷菜的絕妙好味。

材料

日本山藥 90g
川耳 30g
紅甜椒 20g
黃甜椒 20g
西芹 75g
薑末 1 小匙

調味料

香油 1 小匙
素高湯 1 大匙
蔬菜高湯 3 大匙
太白粉水 適量

1　西芹去掉外皮的粗絲，切斜段，備用。

2　紅黃甜椒洗淨，切成三角形塊狀；川耳泡水，備用。

3　日本山藥洗淨去皮，切 4 公分長圓段，用器材壓成圓柱狀，取內圓柱切 1 公分厚，形成帶子狀，備用。

4　將切好的西芹、川耳、山藥、紅黃甜椒入鍋汆燙，約 30 秒後撈起。

5　中火爆香薑末，將汆燙好的蔬菜倒入，稍微拌炒一下，再加素高湯、蔬菜高湯調味，最後用太白粉水勾芡，起鍋後淋上少許香油即完成。

豆酥上湯白衣捲

豆酥鱈魚的再精緻版，
以蔬食高麗菜、豆包做出類鱈魚口感，
是需要一點廚藝功力的菜色。

 材料

 調味料

高麗菜 150g
生豆包 1 片
豆酥 50g
薑末 5g

辣椒醬 1/2 小匙
糖 1 小匙
素高湯 少許

1　高麗菜洗淨，汆燙後泡入冷水冰鎮，備用。

2　取一片完整的高麗菜葉，擠乾水分、攤平，用刀面將菜梗拍平；放入生豆包
　　與零碎的菜葉，捲成長條狀。

3　將捲好的高麗菜淋上素高湯，放入電鍋，蒸煮 5 分鐘。

4　開中小火，爆香薑末，再加豆酥、辣椒醬、糖拌炒均勻，起鍋備用。

5　取出蒸熟的高麗菜捲切塊盛盤，將剩餘的湯汁與素高湯煮熟後淋在上面，再
　　放上作法 4 炒好的豆酥。

阿霖師 's Tips

若有多餘的菜葉，可與生豆包一同包入高麗菜捲中，既不浪費，口感也更好喔！

芋香子排

非基改豆皮包著當季的芋頭，
油炸後再紅燒，幾可亂真的外型讓人驚豔。
綿密的芋泥香與清香的黃豆香融合在口中，
喜歡芋頭的人絕不可錯過。

材料

海苔（半切）1 張
炸豆包 1 片
芋頭 80g
麵糊 少許
白芝麻 少許

調味料

鹽 1 小匙
棉糖 1/2 小匙
胡椒粉 1/2 小匙
香油 少許
太白粉 少許
子排醬 適量

1　芋頭洗淨、去皮切片，放入電鍋蒸 30 分鐘。

2　取出蒸好的芋頭，攪拌成泥狀，加胡椒粉、棉糖、鹽、香油、太白粉拌勻調味。

3　將炸豆包攤開，塗抹一層麵糊後放上海苔，再塗上一層麵糊，平鋪上整成四方狀的芋泥（約占炸豆包的一半面積），將另一邊蓋上夾住芋泥。

4　將整塊豆包塗滿麵糊，備用。

5　熱油鍋至 160 度，放入處理好的豆包炸至金黃色後，撈出瀝乾。

6　炸豆包塗滿子排醬（作法請見 p.23），放入烤箱，以 200 度燒烤 5 分鐘，最後撒上白芝麻。

白玉福袋 蛋素

口味嚐起來如外觀般高雅，
蛋白皮內鮮蔬味滿滿的健康炒料，
經過蒸煮後，更添清爽，
淋上翠綠芡羹，為整道料理畫龍點睛。

材料

蛋白 2 顆量
洋地瓜 15g
四季豆 20g
鮮香菇 15g
薑末 4g
南瓜 20g
青江菜 1 朵
中芹 2 根

調味料

素蠔油 1/2 大匙
糖 1 小匙
胡椒粉 1/2 小匙
紅蘿蔔油 2 小匙
素高湯 2 小匙
米酒 1 小匙
蔬菜高湯 2 小匙
太白粉水 少許

1　青江菜洗淨，汆燙後沖涼水，切碎備用。中芹以熱水燙熟後，冰鎮備用。

2　洋地瓜、南瓜削皮切丁，四季豆、香菇洗淨後切丁，汆燙後撈起瀝乾，備用。

3　開中小火，鍋內倒少量沙拉油（鍋面薄薄一層），蛋白拌勻後倒入，煎成蛋白皮備用。

4　鍋內加少許油爆香薑末 2g，將作法 2 的蔬菜丁下鍋拌炒，加米酒、素蠔油、素高湯 1 小匙、胡椒粉、糖調味，最後加少許太白粉水勾芡後起鍋，加點紅蘿蔔油 1 小匙。

5　蛋白鋪平，中間放一匙作法 4 炒好的餡料，將其包起，用中芹當綁繩綁起來，放入電鍋，蒸煮 7 分鐘，即成福袋。

6　另取一鍋，倒少許油，開中小火熱鍋爆香薑末 2g，加蔬菜高湯、青江菜末，用素高湯 1 小匙調味、太白粉水勾芡、加紅蘿蔔油 1 小匙，最後淋在福袋邊。

冰梅吉丁 （蛋素）

杏鮑菇經過油炸，將鮮味牢牢鎖住，
多汁的口感搭配冰梅醬，
酸甜滋味，大人小孩都喜歡。

材料

調味料

杏鮑菇 150g
四季豆 50g
馬鈴薯 50g
酥炸粉 適量
蛋白 1 顆量

冰梅醬 1 大匙
鹽 1/2 小匙
胡椒 1/2 小匙

1　將四季豆洗淨、切段，馬鈴薯去皮切成條狀，備用。

2　杏鮑菇切塊，用蛋白、鹽、胡椒醃漬 40 分鐘入味。

3　熱油鍋至 100 度，將醃好的杏鮑菇、四季豆、馬鈴薯條裹上酥炸粉，入鍋油
　　炸至呈金黃色，撈起瀝乾。

4　瀝好油的食材盛盤，淋上冰梅醬。

蠔油金錢餅 蛋素

用家中小味碟做成的可口蔬食金錢餅！
利用豆腐做成的金錢餅，口味較清爽，
吃好幾片也不會有負擔，
搭配特製的蠔油沾醬食用，滋味更佳！

材料

 調味料

材料	調味料
火鍋豆腐 1/2 盒	鹽 少許
乾香菇 5g	糖 1 大匙
中芹 5g	香油 1 小匙
紅蘿蔔 5g	水 3 大匙
蛋白 2 顆量	素蠔油 1/2 大匙
薑末 5g	米酒 1 小匙
酥炸粉麵糊 20g	胡椒粉 1/2 小匙
	太白粉 少許

1 乾香菇泡軟切細末，紅蘿蔔、中芹切末，備用。

2 熱油鍋至 100 度，將作法 1 的蔬菜末入鍋炸香，備用。

3 火鍋豆腐用濾網過篩，壓成泥狀，拌入炸好的香菇末、中芹末、紅蘿蔔末，
加少許鹽、蛋白、少許太白粉，拌勻備用。

4 準備小味碟，味碟內抹少許油，將做好的豆腐泥填入味碟塑形，入電鍋蒸 4
分鐘，取出放涼，即成金錢餅。

5 熱油鍋至 180 度，將金錢餅裹上酥炸粉麵糊後入鍋油炸，顏色呈金黃色後撈
起瀝乾。

6 沾醬製作：取一鍋，倒入少許油爆香薑末，加素蠔油、米酒、水、胡椒粉，
再用少許太白粉水勾芡，起鍋前加入香油、糖，即成特製蠔油沾醬。

7 金錢餅盛盤，與特製蠔油沾醬搭配食用。

美式可樂餅 蛋奶素

運用豆包漿做成的可樂餅，熱量低、營養價值更高！
內餡夾有香綿的芋泥，搭配自製沾醬享用，是孩子們的最愛！

材料

豆包漿 50g
芋泥 20g
蛋液 2 顆量
麵粉 50g
麵包粉 50g

沾醬

美乃滋 1 大匙
蜂蜜 1/2 大匙
檸檬汁 1/2 大匙
酸黃瓜 5g
西洋芹末 10g

1　沾醬製作：所有沾醬材料拌勻，備用。

2　芋頭削皮，切成厚片狀，放入電鍋蒸至熟，再用
　　調理機攪拌成泥，加鹽 1g 調味，備用。

3　將豆包漿捏成約乒乓球大小，稍微壓平，中間放
　　入一小球蒸好的芋泥，整壓成可樂餅狀即可。

4　熱油鍋至 140 度。可樂餅兩面依序沾取麵粉、蛋
　　液、麵包粉入鍋油炸。

5　炸至金黃色後撈出瀝乾，沾取備好的沾醬享用。

Chapter

4

港點
Dim Sum

細緻手藝捏拿出的，飲茶良伴

蘿蔔糕

簡單質樸的好滋味，是港式茶點中最基本的定番點心！
蔬食版的港式蘿蔔糕，不藏私教給你。

材料

蘿蔔 1.5kg　　素肉 150g
黏米粉 300g　　乾香菇 150g
澄粉 37.5g　　水 1800ml
馬蹄粉 37.5g

調味料

鹽 37.5g
糖 112.5g
香油 75g

1　蘿蔔削皮，用刨刀器刨成約 0.2 公分長條狀；乾香菇泡軟後與素肉一起切碎，備用。

2　將黏米粉、澄粉、馬蹄粉、水 600ml、鹽、糖、香油攪拌均勻，備用。

3　作法 1 備好的蘿蔔絲、乾香菇、素肉倒入鍋，加水 1200ml 煮至滾，關火。

4　倒入攪拌好的黏米粉調味料，攪拌均勻（會呈現類似麵糊稠狀，如圖 4），倒入模型中，放入電鍋，蒸 1 小時。

5　蒸好後取出放涼，蓋上保鮮膜放冷藏固定約 1 小時。要吃時再切片煎至兩面金黃即可。

阿霖師 's Tips

自製的蘿蔔糕不含防腐劑，冷藏約可保存 4 天，請儘早食用完畢。

椒麻雲吞

雲吞的吃法有好多種，
偶爾捨棄肉餡，來點健康的吧？
蓮藕、香菇、素肉餡，燙熟之後，
淋上椒麻醬汁，使人上癮的好滋味。

材料

素肉 300g
乾香菇 300g
蓮藕 375g
薑末 少許
菜脯 187.5g
餛飩皮 30 張

 調味料

素蠔油 26ml
醬油 26ml
糖 26g
胡椒粉 25g
香油 75g

 椒麻醬汁

花椒油 1 小匙
辣椒油 1 小匙
醬油 2 小匙
糖 2 小匙
水 1 大匙

1　乾香菇泡軟，與素肉一起切碎，備用。

2　蓮藕削皮後放入電鍋，蒸 2 小時後取出放涼，切碎備用。

3　以中小火爆香薑末，再加菜脯、素肉末、香菇末拌炒。

4　續加入素蠔油、糖、胡椒粉、香油、醬油及蓮藕末拌炒均勻後盛起，即成
　　內餡。

5　取一張餛飩皮，放上炒好的內餡料（約 24g），餛飩皮四邊沾水，沿對角線
　　包住餡料，下兩角往內折。

6　煮一鍋滾水，放入做好的雲吞，汆燙熟後撈起。淋上混拌好的椒麻醬汁即可。

絲瓜水晶餃

運用蓮藕、絲瓜做成的內餡，
搭配晶瑩剔透的外皮，看起來很是可口。
而最讓人回味無窮的，
則是新鮮的絲瓜在口中綻放迷人的甜鮮口感。

材料

 調味料

澄粉（無筋麵粉）300g

太白粉 115g

滾水 300ml

絲瓜 250g

蓮藕 90g

薑末 5g

鹽 4g

糖 10g

香油 5g

1　絲瓜削皮，切成 0.2×0.2cm 小丁，再用熱水汆燙後放涼，備用。

2　蓮藕洗淨削皮，放入電鍋，蒸 2 小時，取出切成 0.2×0.2cm 小丁。

3　將絲瓜丁、蓮藕丁放入容器，加鹽、糖、香油、薑末，混拌均勻做為內餡，備用。

4　澄粉、太白粉倒入玻璃容器，分批沖入滾水，邊沖邊攪拌成塊狀後，以手揉至透明且不沾碗的麵團，即成水晶外皮。

5　取一塊水晶外皮團（約8g），稍微壓平後用拍皮刀將皮拍成5公分圓形薄片，做為水晶皮。

6　挖一匙內餡包入水晶皮，兩邊水晶皮對齊，只折單邊皮，最後再將雙邊皮黏合，稍微拉長收尾成扇形。放入電鍋，蒸煮約 8 ～ 10 分鐘即成。

阿霖師 's Tips

若家中沒有拍皮刀，可用不銳利的鈍菜刀，麵團稍微壓平後，刀面反向拍壓麵團，將其推拍成約 0.05cm 的均勻薄麵皮。

田園蔬菜餃

從港式魚翅餃演變而來，
使用家庭料理中常見的青蔬，
平凡中深藏美味。

 材料

 調味料

菠菜 600g

杏鮑菇 150g

五香豆干 150g

紅蘿蔔 150g

筍子 150g

大白皮 20 張

鹽 4g

糖 12g

胡椒粉 2g

香油 30g

素蠔油 26g

1　菠菜洗淨，以滾水汆燙後切碎；紅蘿蔔削皮、切丁；竹筍煮熟後去殼、切丁；杏鮑菇、五香豆干切丁。

2　切好的食材丁放入調理容器中，加鹽、糖、胡椒粉、素蠔油、香油調味拌勻做為內餡。

3　取一張大白皮，鋪平，放入內餡（約 25g），捏成餃子狀後，再用手稍微將內餡壓平固定。

4　所有捏好的餃子放入電鍋中，蒸煮 8 ～ 10 分鐘。

雪菜煎薄餅

演繹自港式花枝餅，
味道濃烈的雪菜是整道料理的提味好手，
咬下一口，飽滿的脆與香
充盈在整個口中，愈嚼愈香

材料

 調味料

雪菜 600g
五香豆干 180g
杏鮑菇 180g
筍子 180g
馬蹄 180g
大白皮 20 張

鹽 6g
糖 36g
胡椒粉 2g
香油 100ml
素蠔油 45ml

1　雪菜以冷水沖泡約 15 分鐘，讓鹹度降低，再把水分去掉、瀝乾。

2　瀝乾水分後的雪菜與五香豆干、杏鮑菇、筍子、馬蹄切碎 0.5×0.5cm 小丁。

3　將切好的雪菜丁、五香豆干丁、杏鮑菇丁、筍丁、馬蹄丁加入所有調味料拌勻為內餡。若攪拌時內餡過濕，可加入少許太白粉收乾。

4　取一張大白皮，鋪平，包入一匙攪拌好的餡料（約 32g），縮口整形，完成後縮口朝下以手掌稍微壓扁。

5　雪菜薄餅放入電鍋，蒸 5 分鐘。

6　取一鍋，倒少許沙拉油，放進蒸過的雪菜薄餅，以小火將雙面煎熟、煎香即完成。

阿霖師 's Tips

現成的大白皮可於一般傳統市場內購得，若不想買現成的，也可自行用麵粉加水揉製。

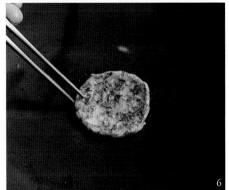

牛肝蕈南瓜果

靈感來自上海小籠包，
橘色的漂亮外皮使用了南瓜泥來製作，
內餡的四季豆增添脆度口感，
是一道匠心別具的料理。

材料

澄粉（無筋麵粉）300g
太白粉 112.5g
南瓜 450g
四季豆 450g
杏鮑菇 300g
香菇 300g
紅蘿蔔 300g
筍子 300g
水 300ml

調味料

鹽 37.5g
糖 112.5g
香油 75ml
素蠔油 75ml
牛肝蕈醬 少許

1　四季豆、杏鮑菇、香菇、紅蘿蔔、筍子，切成 0.1 公分小丁。

2　作法 1 切好的蔬菜丁全部入鍋汆燙後撈起，加入鹽、糖、素蠔油、香油調味攪拌均勻成內餡，備用。

3　將南瓜去皮去籽，切片放入電鍋蒸熟，放涼後壓成南瓜泥。澄粉、太白粉倒入容器，備用。

4　放涼的南瓜泥加水，煮至大滾後，分次沖入有澄粉、太白粉的容器中，邊沖邊攪拌至結塊狀後，用手揉捏至不沾手的光滑麵團狀，即為南瓜皮。

5　取小量南瓜皮（約 10g）用拍皮刀拍成圓形薄片，包入備好的內餡（約 4g），捏成小籠包狀，最後挖少許牛肝蕈醬點在上面。

6　完成後放入電鍋，蒸煮 8 ～ 10 分鐘。

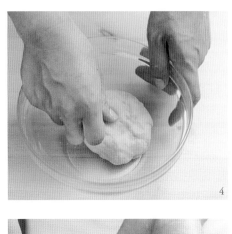

4

5

5

5

5

5

鮮菇腐皮捲

將港式腐皮捲中的鮮蝦用鮮菇代替，
不但保留美味口感，
而且吃得更健康！

 材料　　　　　 **調味料**

腐皮 1 張　　　　　　鹽 4g
板豆腐 1 塊　　　　　糖 12g
杏鮑菇 75g　　　　　胡椒粉 2g
雪白菇 75g
金針菇 75g

1　杏鮑菇、雪白菇切長條狀，金針菇切段，備用。

2　取出腐皮平均切成三大張，備用。

3　板豆腐壓成泥，加入杏鮑菇、雪白菇、金針菇、
　　鹽、糖、胡椒粉拌勻為餡料。

4　取一張切好的腐皮，將備好的餡料（約 40g）置
　　於腐皮中下方，兩側往內折蓋住餡料後，往前捲
　　成長方形。

5　倒適量沙拉油於鍋內，開中小火至 170 度，放入
　　做好的腐皮捲，炸至金黃色後撈起瀝乾油分。

海苔手扎條

海苔粉、紅豆餡與花生粉的一場美麗遇聚，
碰撞出微鹹、輕甜與清香揉和在嘴裡的絕美火花。
作法不難，適合與孩子一同料理。

材料

糯米漿 300g
海苔粉 15g
紅豆餡 144g
花生粉 適量

1　糯米漿與海苔粉攪拌均勻，至不黏手的團狀。

2　取出拌好的海苔糯米糰，先搓呈長條狀，再分小團（約 25g），搓圓後拍平，
　　包入紅豆餡（約 12g），整形縮口，捏成橢圓糯米條狀。

3　熱油鍋至 170 度，放入做好的海苔糯米條油炸 6 分鐘。

4　炸好後撈起瀝乾油，最後裹上花生粉。

阿霖師 's Tips

糯米漿可買現成的糯米粉來製作，請依各個包裝上說明使用。

奶皇兔子餃 (蛋奶素)

可愛討喜的造型，總能吸引大小朋友的目光，
只要看一眼，就令人食指大動了。
用煉乳、椰漿等做成的奶皇餡，
搭配口味乾淨的外皮，恰到好處的甜品。

材料

澄粉（無筋麵粉）300g
滾水 300ml
太白粉 112.5g
雞蛋 3 顆
起司粉 20g
無鹽奶油 1/4 塊
奶粉 40g

 調味料

糖 150g
煉乳 75ml
椰漿 75ml

1　糖、煉乳、雞蛋、椰漿、起司粉、奶粉、無鹽奶油混合均勻，入電鍋蒸 30 分鐘，即成奶皇餡。

2　澄粉、太白粉倒入容器內，以滾水邊分次沖燙、邊攪拌至結塊狀（即可不加水），用手揉捏至不沾手的光滑麵團。

3　取一塊麵團搓成長條狀，分割成塊（1 塊約 20g），用擀麵棍桿成 4 公分圓形。

4　澄粉皮包入奶皇餡 15g，將皮如小籠包般往上捏，收口後捏長，以剪刀剪半成兔耳朵。

5　放入電鍋蒸 10 分鐘即可。

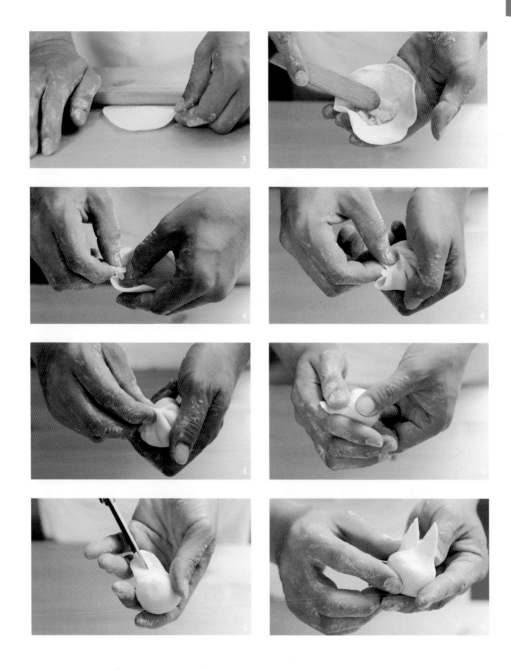

繽紛蝴蝶餃

剔透光亮的餃子，透出五顏六色的內餡，
修剪過的外皮，像是餃子生了翅膀，
再插上兩根香菜梗，可愛的模樣讓人會心一笑。

材料

 調味料

澄粉（無筋麵粉）300g
太白粉 112.5g
滾水 300ml
板豆腐 1 塊
黑木耳 40g
紅甜椒 40g
黃甜椒 40g
小蘆筍 40g
黑芝麻 少許
香菜梗 數支

鹽 少許
糖 1 大匙
香油 1 小匙

1　新鮮黑木耳、紅甜椒、黃甜椒、小蘆筍切成 0.1 公分小丁。

2　將板豆腐壓碎，拌入黑木耳丁、紅甜椒丁、黃甜椒丁、小蘆筍丁，並加糖、鹽、香油調味做成內餡備用。

3　將太白粉、澄粉混合後，分次沖入滾水，邊沖邊攪拌至結塊狀後，用手揉捏至不沾手的光滑麵團。

4　將麵團取出一小塊（約 15g），拿拍皮刀拍成 4 公分圓形，加入備好的內餡（約 8g），包成半月形狀後，中間稍微捏起一橫線，再用剪刀修剪邊緣成蝴蝶翅膀。

5　將黑芝麻黏在蝴蝶餃上當眼睛，香菜梗插在上頭當觸角。

6　放入電鍋蒸煮 8 ～ 10 分鐘。

甜點
Dessert

替整套饗宴
劃下的完美句點

法式焗布丁

奶香十足、入口滑嫩，
彷彿在口裡跳躍著愉悅、鬆軟的音符，
是一道不會被時光遺忘的經典甜品。

 材料

雞蛋 250g
牛奶 500ml

調味料

糖 180g
焦糖 適量

1　將雞蛋打散，以濾網過篩再加入牛奶、糖，攪拌
　　至溶解。

2　先倒適量的焦糖倒入烤杯中，再加入攪拌好的牛
　　奶至約八分滿。

3　放進烤箱，設定上下火 170 度，25 分鐘後取出，
　　連同烤盤轉 180 度再烤 25 分鐘至表面金黃。

4　將烤好的布丁放涼，再放入冰箱冷藏。

5　食用時將布丁倒入盤中。亦可搭配冰淇淋享用。

南瓜鮮奶酪 （奶素）

有別於一般的芒果奶酪，使用南瓜泥來代替，
符合現代人健康需求的趨勢。
微甜的南瓜泥口味清爽淡雅，
搭配上香醇的奶酪，大人小孩都喜歡。

材料

牛奶 900g
鮮奶油 200g
南瓜 300g
洋菜粉 11g

調味料

糖 100g

1　開小火，將牛奶倒入鍋中，加入洋菜粉攪拌，煮至融化。

2　續加鮮奶油攪拌混合均勻，再倒入杯中約八分滿，放涼，即為奶酪。

3　南瓜洗淨、削皮切薄片，放入電鍋蒸至軟。

4　南瓜泥加糖、少許水，邊攪拌邊煮至糖融化，即成南瓜醬。

5　將奶酪倒扣取出，淋上南瓜醬。

花生海藻凍

生長在海洋的石花草，
熱量低、營養價值高，是女性們的美顏聖品。

 材料

石花草 375g
花生粉 適量
水 1000ml

 調味料

糖 37.5g

1　石花草洗淨，將當中的碎石雜質去除。

2　取一鍋，放入洗好的石花草加水，以小火熬煮至
　　軟爛。

3　加糖調味後，倒入容器放涼。

4　將放涼結凍的石花草凍切成塊狀，食用時撒上花
　　生粉增加香氣。

阿霖師 's Tips

石花草清洗需注意

石花草為海藻的一種，不免會有很多碎石及貝殼參雜其中，需仔細一絲一絲翻開清
洗，以免食入碎石、碎貝殼。

杏仁水果豆腐 (奶素)

深受大小朋友喜歡的舊時滋味，
自製的杏仁豆腐，沒有刺鼻的化學香，
與鮮奶、新鮮水果丁一起入口，再飽都能喝下兩碗！

 材料

杏仁霜 38g
杏仁露 70ml
牛奶 900ml
煉乳 60ml
吉利 T 28g
水 1200ml
水果丁 適量
鮮奶油 100ml

 調味料

糖 185g

1　將吉利 T、糖、杏仁霜入鍋加水攪拌，以小火煮至溶解，再加牛奶 1200ml、
煉乳、杏仁露拌均勻後，放冰箱冷藏，即為杏仁豆腐。

2　取出杏仁豆腐，切成小丁（大小可依個人喜好）。

3　取一碗，倒入剩下的牛奶與鮮奶油調和成湯汁，再加入杏仁豆腐丁。

4　最後加入喜歡的新鮮水果丁搭配食用。

桂花紅豆糕

晶瑩剔透的果凍包裹著草莓，
上層的桂花蜜搭配下層的紅豆泥，
堆疊出滋味豐富、風味細緻的層次感，
是色、香、味皆精采的一品。

材料

調味料

果凍粉 36g

紅豆 300g

水 1200ml

草莓 適量

糖 120g

桂花醬 30g

1　紅豆放入鍋，加足以蓋過紅豆的水量，外鍋加適量水，放電鍋蒸煮一個小時取出，放涼備用。

2　另取一鍋，倒入果凍粉 18g、糖 60g、水 600g 以小火煮至溶解後，倒進蒸好的紅豆內攪拌均勻。

3　煮好的紅豆倒入模型約至一半高度，放冰箱冷藏 5 分鐘。

4　將剩下的果凍粉、糖、水入鍋中，以小火煮溶後，再加桂花醬攪拌均勻。

5　將冰箱的紅豆凍取出，先放草莓（或其他喜歡的水果），再倒入作法 4 煮有桂花的醬汁，放冰箱冷藏 3 小時。

6　食用時取出倒入盤中即成。

阿霖師 's Tips

若家中沒有適合的小模型，可使用平底容器，完成後再以模框壓出漂亮的外型，很適合當作宴客甜點。

木瓜燉雪耳

果質甜香的木瓜，被稱作萬壽果，
與白木耳、南北杏一起燉煮，作法簡單！
無論是冰的吃，還是熱的吃都很合適。

材料

調味料

木瓜 1 個　　　　　　　　　冰糖 75g
白木耳 300g
南杏 10 顆
北杏 3 顆
水 600g

1　將白木耳泡軟，南北杏洗淨，備用。

2　木瓜削皮去籽，切成約 2 公分塊狀。

3　將所有材料放入電鍋，蒸煮 30 分鐘即完成。

養潤核桃露

現打的核桃泥加上香甜的花生醬，
以小火慢煮，微涼的天氣裡喝上一口，
潤養的好味道試過一次就忘不了。

材料

調味料

核桃 200g
水 1200ml
花生醬 65g
在來米粉 33g

糖 90g

1　將核桃、水放入果汁機攪拌打成核桃泥。

2　取一鍋，倒入打好的核桃泥、花生醬、糖，以小火煮至滾。

3　在來米粉另以水 150ml（份量外）混合，再倒入鍋內勾芡即可。

玩藝 42

我家也有蔬食餐廳

養心茶樓主廚詹昇霖教你在家輕鬆做出
少油、身體無負擔、符合健康潮流的 60 道五星級素食料理

作 者	詹昇霖
攝 影	子宇影像
責任編輯	程郁庭
責任企劃	塗幸儀
美術設計	萬亞雰

總 編 輯	周湘琦
董 事 長	趙政岷
出 版 者	時報文化出版企業股份有限公司
	108019 台北市和平西路三段 240 號 2 樓
發行專線	（02）2306-6842
讀者服務專線	0800-231-705
	（02）2304-7103
讀者服務傳真	（02）2304-6858
郵撥	19344724 時報文化出版公司
信箱	10899 臺北華江橋郵局第 99 信箱

時報悅讀網　www.readingtimes.com.tw
電子郵件信箱　books@readingtimes.com.tw
生活線臉書　https://www.facebook.com/ctgraphics

法律顧問	理律法律事務所　陳長文律師、李念祖律師
印 刷	金漾印刷有限公司
初版一刷	2016 年 10 月 28 日
初版三刷	2022 年 2 月 15 日
定 價	新台幣 380 元

缺頁或破損的書，請寄回更換

時報文化出版公司成立於 1975 年，
並於 1999 年股票上櫃公開發行，
於 2008 年脫離中時集團非屬旺中，
以「尊重智慧與創意的文化事業」為信念。

特別感謝　昆庭國際興業有限公司
台北市中山北路三段 55 巷 30 號 1 樓／02-2586-9889

我家也有蔬食餐廳：養心茶樓主廚詹
昇霖教你在家輕鬆做出少油、身體無
負擔、符合健康潮流的 60 道五星級素
食料理／詹昇霖作 .-- 初版 .-- 臺北市：
時報文化，2016.10
　面；　公分 .--（玩藝；42）
ISBN 978-957-13-6809-2(平裝)

1. 食譜　427.1　105019172